阿诺的数学王国历险记
勇士之心

张顺燕◎主编　　纸上魔方◎绘

吉林科学技术出版社

图书在版编目（CIP）数据

勇士之心 / 张顺燕主编. -- 长春 ： 吉林科学技术
出版社，2022.11
（阿诺的数学王国历险记）
ISBN 978-7-5578-9394-1

Ⅰ. ①勇… Ⅱ. ①张… Ⅲ. ①数学－青少年读物
Ⅳ. ①O1-49

中国版本图书馆CIP数据核字(2022)第113529号

阿诺的数学王国历险记　勇士之心
A NUO DE SHUXUE WANGGUO LIXIANJI　YONGSHI ZHI XIN

主　　编	张顺燕
绘　　者	纸上魔方
出 版 人	宛　霞
责任编辑	郑宏宇
助理编辑	李思言　刘凌含
封面设计	长春美印图文设计有限公司
制　　版	长春美印图文设计有限公司
幅面尺寸	167 mm×235 mm
开　　本	16
印　　张	7
字　　数	100千字
印　　数	1-6 000册
版　　次	2022年11月第1版
印　　次	2022年11月第1次印刷

出　　版	吉林科学技术出版社
发　　行	吉林科学技术出版社
地　　址	长春市福祉大路5788号出版大厦A座
邮　　编	130118
发行部电话/传真	0431-81629529　81629530　81629531
	81629532　81629533　81629534
储运部电话	0431-86059116
编辑部电话	0431-81629518
印　　刷	吉广控股有限公司

书　　号	ISBN 978-7-5578-9394-1
定　　价	32.00元

序言

　　新蜂王阿诺诞生于自由、幸福的蜜蜂王国。这一天，可恶的大马蜂入侵了它们的家园，打破了这里的宁静。

　　在与大马蜂的战斗中，蜜蜂王国硝烟四起，蜜蜂们死伤无数，老蜂王也在这场战斗中身受重伤，眼看着蜜蜂王国就要被毁灭了。

　　危急关头，老蜂王嘱托阿诺，只有找到传说中的勇士之心才能拯救蜜蜂王国，而寻找勇士之心的路途上险象环生，还要破解一道道数学难题。

　　作为新蜂王的阿诺，毅然肩负起重任，扇动着稚嫩的翅膀，踏上了寻找勇士之心的旅途。一路上，阿诺解救了很多为魔法所困的昆虫，并与这些昆虫成为要好的朋友，大伙儿齐心协力破解了一道道数学难题，然而前路依旧坎坷且充满艰辛，又有多少新的数学难题等待着它们呢，阿诺和它的昆虫朋友能成功吗？

　　让我们拭目以待吧！

登场人物介绍

阿诺

虽然看起来穿着普通，但腰间的黑条纹透露出它身份的不一般。尽管在寻找勇士之心的道路上充满了艰难险阻，但它凭借自己的智慧和力量，取得了成功，是跟一切正义过不去的黑天牛最不敢轻视的对手。

迪宝

一只曾经被困在界碑里的金龟子，家乡在神奇的空中之国仙子岩。它生来就能够掌控能量之泉，虽然有点胆小，个头也不是那么高，但内心却充满正义的力量。

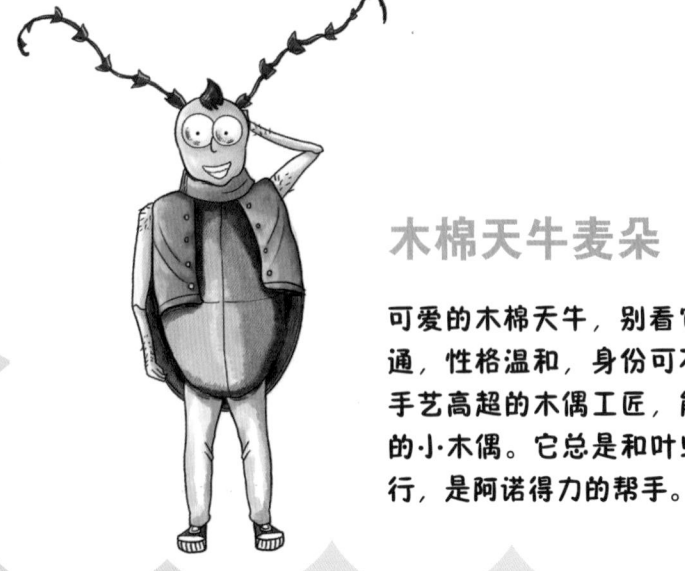

木棉天牛麦朵

可爱的木棉天牛，别看它的样子普普通通，性格温和，身份可不一般，是一位手艺高超的木偶工匠，能操纵一群可爱的小木偶。它总是和叶虫红贝克结伴而行，是阿诺得力的帮手。

红贝克

一个模样很像叶子的家伙，而且是谁都不会在意的叶子。它的古怪外貌，让人觉得它脾气火暴，它还总是穿一件大披风，腰上藏着一把大刀，那模样看起来好像在说，要是得罪了它，可有的瞧了。

九头蜥蜴

一个既有趣又有点神经质的坏蛋，是黑天牛的左膀右臂，脖子上的九个脑袋上分别戴着眼镜，还穿着时髦的铠甲。它总是装出一副威风凛凛的模样，可脑袋瓜不太聪明，时常让黑天牛头痛。

目 录

扫码可得

本书精品配套资源
你的数学学习随身课堂

 **本书在线服务**

★**本书配套音频**

读书原来可以这么有趣！

★**数学单位课堂**

应用在生活的方方面面！

★**数学学习方法**

掌握方法才是重中之重！

★**课后故事随身听**

睡前故事带你放松一下！

**在线
读书工具**

✓ 读书打卡册：培养阅读习惯好方法！

✓ 读书交流圈：阅读交流分享好去处！

扫码获取配套内容

身后的黑色旋风不断冲击而来，咬坏了阿诺的一只翅膀。

它飞得跌跌撞撞，要不断地瞪圆眼睛，才能止住泪水，不让它把视线挡住。

"没有路了！"两侧岩石之间的夹缝越来越狭窄，更加可怕的是，缝隙深处一块平滑的、泛着幽光的黑晶石墙挡在前面，再没有逃跑的去处。眼看着黑色旋风就要扑到它的身上，它紧闭双眼，一头撞上去。

阿诺的身子腾空飞跃起来，身体四周泛起绿色的荧光，它暂时忘掉了身后可怕的黑色旋风，陷入了回忆当中：

自己家族的蜂巢不断遭受大马蜂族群的攻击，先是少数的大马蜂悄悄潜伏过来，咬死守门的工蜂，到蜂巢里盗蜂蜜。渐渐地，成群结队的大马蜂赶来，最后夺下了蜜蜂家族的蜂巢……

按照蜜蜂家族的规矩，新蜂王一旦出生，就会领走一大批工蜂，跑到新的地界去筑巢，所以老蜂王必须每天守在白胖胖的幼虫附近，一旦发现即将诞生的新蜂王，立即就会在蛹期将它咬死。

可是老蜂王并没有将新蜂王阿诺咬死，而是坚持战斗到

阿诺出生才倒下，并对它说："快逃，去建筑新的蜂巢。"

"工蜂都被捉起来了！"阿诺抬头四望。

大马蜂正在清点蜜蜂的数量，逼迫它们劳作。

"阿诺，快走，只有找到勇士之心，才能够拯救我们。"

阿诺含泪踏上逃亡的道路，耳畔萦绕着老蜂王晕倒前的这句嘱托……

阿诺在绿色荧光中上下飘浮着，不禁瞪大眼睛观察四周，惊讶地发现脚下是许多奇异的植物，植物中隐藏着巨大的苎麻双脊天牛皮多克，还有威风凛凛的木棉天牛吉西。

皮多克透过一个绿宝石单片眼镜打量着阿诺："这家伙的一只翅膀有 3 厘米长。在数学的长度单位换算中，

1 千米 = 1000 米，
1 米 = 10 分米，
1 分米 = 10 厘米，
1 厘米 = 10 毫米。

"只有掌握长度单位换算，才能够准确地进行测量。让我算一算……

1 厘米 = 10 毫米，
3 厘米 = 30 毫米。

"而一只普通蜜蜂的前翅只有 9 毫米，后翅只有 6 毫米，显然，它不是普通的蜜蜂。"

吉西好奇地飞上来，它最近正在学习古老白石书上的能量知识，身体是半透明的，吓得阿诺不停地缩脖子，吉西说："你的身长有 2 分米，而普通蜂王身长只有10厘米。

1 分米 = 10 厘米，
2 分米 = 20 厘米，
20 ÷ 10 = 2。

"你的个头是普通蜂王的2倍。"

皮多克一听脸色阴沉下来，冲到阿诺身边，它脊背上的黑白颜色组

合很怪，好像趴着一只大熊猫。当它情绪激动的时候，这"熊猫"就像幽灵一样抖来抖去，吓得阿诺直咽口水。

"你就是传说中来这里寻找勇士之心的勇士吗？"皮多克步步紧逼。

"我……"阿诺只感到浑身发软。

"这道黑色的石墙，是灵之界，只有勇士才能够闯进来。"皮多克叫道。

"它只是逃命那一瞬间，做了回勇士，勇敢地冲进来。"吉西做着鬼脸，"瞧它现在胆怯的模样，怎么可能得到勇士之心！"

一听到能够得到拯救整个族群的勇士之心，阿诺摇摇晃晃地站起来："勇士之心在哪里？"

"兄弟，你听着，"皮多克不信任地盯着阿诺，"以你脚下为起点，到达前方300厘米处，有一个宝石河的入口，那里就是寻找勇士之心的通道的入口……用你的脑袋来思考一下，在不使用任何测量工具的

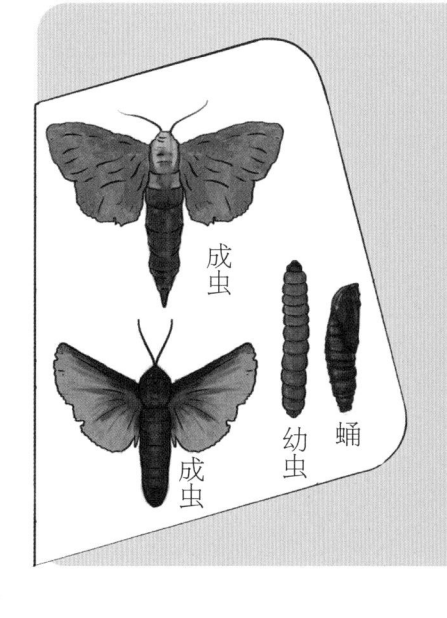

成虫

成虫

幼虫

蛹

木蠹（dù）蛾

　　木蠹蛾种类繁多，在世界各地广泛分布，在我国主要分布于西北、中南和西南地区。木蠹蛾喜欢跟阔叶树生活在一起，它们的幼虫会钻进阔叶树的树干或是根部，严重危害树木的生长。但成年的木蠹蛾不会再伤害树木，它们最多只能活上12天。这种蛾趋光性强。每当夜晚来临，木蠹蛾就会扇动着灰色的翅膀，不顾一切地向着光亮飞去。

情况下，你怎样才能准确地到达那里？"

阿诺早已经激动得浑身发抖。

阿诺正在思考，而吉西在一边不屑地吹着口哨："你是说，这冒冒失失的新蜂王能找到勇士之心？"

有啦！

阿诺脑中突然灵光一闪，想到自己的身长是2分米，而——

300 厘米 = 30 分米，
30÷2=15。

也就是说，想要找到300厘米处没有任何标志的入口，以它的身长为单位，有15个2分米，只要走这么一段距离就能到达目的地。

当向前翻了15个跟头后，阿诺停下脚步。此时，在它面前出现了一滴晶莹的水珠，水珠泛起一片淡绿色的光，绿光中出现一个旋涡，将它吸了下去。

第 2 章

界碑中的黑精灵

（长度问题）

这条宝石河很奇怪，里面没有水，只有宝石散发出的彩色光辉。奇特的是，这里虽然没水却有鱼，各种各样的宝石鱼灵活地在河床上游动着。

阿诺被数不清的鱼儿弄得眼花缭乱，它只好茫然地在这条宝石河上飞着，不知不觉竟然飞了3个来回，最后累倒在宝石河尽头的那块石碑前，石碑上刻有"1公里多300米"的字样。

这时，一缕黑烟由石碑里冲出，聚成一个黑咕隆咚的怪物："公里就是千米，是谁在打扰守碑卫士的睡眠？"

点地梅

点地梅常常生长在山野草地里或是路边。它们喜欢温暖湿润的环境，也喜欢肥沃的土壤。不过，点地梅的生存能力特别强，只要有一点点土壤，不管是在高山草原，还是河谷滩地，它们的种子都可以生根发芽，还可以自播繁殖，就算是在冰天雪地里，点地梅也能生存。

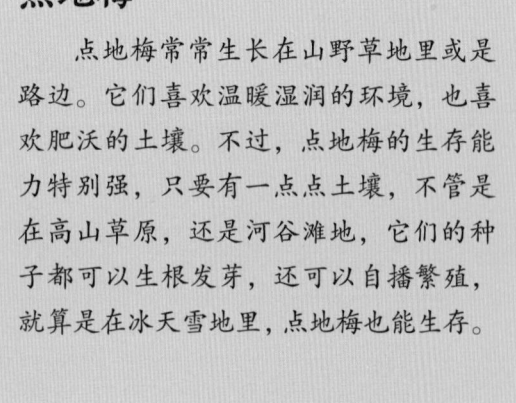

阿诺被吓坏了，不禁朝后退了一步，跌落到河底。一条宝石鱼趁机游到它身边，吐出一个泡泡。阿诺求救道："救我。"

阿诺歪歪扭扭地飞起来，只听守碑卫士说："计算较长的路程时，通常用千米作单位，1公里就是1千米，1公里多300米就是1300米，正是这条宝石河的长度。既然你将我吵醒，就必须回答我的问题。"

"可是下面那条鱼……"阿诺又惊又怕，吓得直喘粗气。

"回答我，你在这条宝石河上一共飞了多少米？"守碑卫士问。

这可把阿诺吓坏了："这条1300米的路，我来来回回飞了3遍，也就是6条宝石河的长度。

1×6=6（千米）=6000（米），
300×6=1800（米），
6000 + 1800=7800（米）。

"我一共飞了7800米。"

啊！可怕的事发生了……

阿诺发现自己的身体正在变透明，还透出宝石五彩的光芒。而周围的石壁里又钻出了无数的蓝色雾团，将它往河床拖拽。

它想到了河底的鱼。一个不好的预感在心中升起：难道河底的鱼全是回答不出这个问题的不幸生灵变成的？

阿诺仔细看去，透过守碑卫士那副黑色外壳，可以隐隐地看到一个红色金龟子的轮廓。

这家伙目光露出急切神色，一面厌恶地躲避着从石壁里冒出的蓝色雾团，生怕自己被拖下去，一边渴望阿诺说出正确的答案。

阿诺不愧是一个蜂王，很快便从慌乱中振作起精神。

它一面挣脱，一面努力回想着，终于想到：原来我算错了，虽然我在宝石河上来回飞了三遍，但因为我是从起点出发，最后落在了终点的石碑前，所以我只飞了两个来回加一个单程，这段1300米的路我一共飞了5次，

1×5=5（千米）=5000（米），

300×5=1500（米），

5000+1500=6500（米）。

"我算出来了，我一共飞了6500米。"

在它说完的刹那，那些蓝色雾团就像蒲公英绒球上的柔毛般四散而去，飘飘悠悠地钻入地下去了。

石碑上的守碑卫士的外壳裂开，一个油亮的红色金龟子出现在阿诺眼前。

金龟子说："我叫迪宝，是金龟子家族的数学家，不幸的是，几百年前被邪恶的黑天牛封印在这界碑里了。现在你不仅救了我，还救了许多生灵。"

顺着金龟子迪宝手指的方向看去，河底的宝石鱼们，此时也恢复了原来的模样，原来它们是来这里寻找勇士之心，而被困在宝石河的一群昆虫。

迪宝带着阿诺来到了界碑旁边一截巨大的树根处。

只见迪宝嘴里念念有词，随后伸手拨动一个机关，一扇小门"吱"的一声打开，露出了一个奇异的世界。

"为了报答你的救命之恩，我愿意帮助你找到勇士之心。"金龟子迪宝躲在阿诺的身后，飞快地说道。

它怕晚说一秒钟自己就后悔了。

其他被拯救的生灵已经消失在前方的森林里。

这个森林大而广阔，生长的全部是十分奇怪的会发光的植物，这些植物拥有手脚一样灵活的茎蔓枝丫，还能够发出呢喃之语。

迪宝用手一指："瞧，这棵植物会吞食毛毛虫。"

阿诺走过去才发现，这棵茎蔓茂密繁杂的绿色植物，口里正有滋有味地嚼着刺蛾毛毛虫。这情景令人不寒而栗。

绿色植物锯齿状的大口，还意犹未尽地一张一合，寻找下一个猎物。

苎麻双脊天牛

苎麻双脊天牛在我国各地广泛分布，它们的体形很小，体长不到2厘米。最有特色的是，它们身上不仅在前胸两侧各有1块圆形的黑色斑纹，在每个鞘翅上还有3块黑色大斑纹，远远看去，就像一个穿着黑白相间的衣裳的小小机器人。

"当勇士，多傻……"

金龟子迪宝正试图劝退阿诺，却被它古怪的表情吓了一跳。

"快走！"阿诺迅速拉着金龟子迪宝，躲过扑来的绿色大口，冲向了前方。

前面有一条小溪，溪上有一棵腰弯得像弓的凤梨草，它的每一个叶片上竟然都爬满了刺蛾毛毛虫。它们浑身打战，连大气也不敢喘，因为哪怕一个轻微的响动，都能让凤梨草折了腰肢，让它们跌落到水里去。

阿诺几次提醒，刺蛾毛毛虫都不为所动。

一阵微风吹来，吹落了几只刺蛾毛毛虫。

阿诺用尽力气，将它们从河道里救起来，放到了岸上。

被救的首领凡奇终于开口了："快把我放到上面去！"

刺蛾毛毛虫

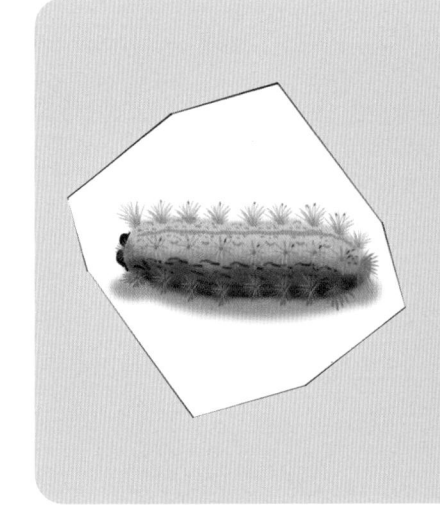

刺蛾在全球广泛分布，有500多个种类。刺蛾的幼虫便是刺蛾毛毛虫，它们体形肥短，颜色鲜艳，附肢上长着浓密的刺毛，就像顶着一丛乱蓬蓬的头发。这些刺毛都是有毒的，一旦受到惊扰，刺蛾毛毛虫会用毒刺蜇人，被蜇的部位马上会起皮疹，除了疼、痒、麻、热之外，还会长时间肿胀。

"你没看出它已经承受不住了吗？"阿诺说。

首领凡奇呜呜地哭起来："我的手下有356只毛毛虫。瞧见在我们对面趴着的青毛毛虫了吗？它们有243只。只要谁的毛毛虫数量多，谁就可以继续留在这棵不吃毛毛虫的凤梨草上。你不把我送上去，我们就输了，这附近再没有一棵能让毛毛虫立足的凤梨草了。"

"明摆着是你们赢了。"阿诺说。

青毛毛虫首领皮季在凤梨草上小声说："嘿，小伙子，你那么聪明，不如把我们大家都救了。你知道吗？仙子花小姐说，只要能算出我们这两种毛毛虫加起来一共有多少只，我们就可以全部到它的花园里去做工，至少不会被森林里可怕的植物吃掉了。"

"可是我们算了半个月了，没有一次是算对的，每次冒着生命危险去到那里，都会受到仙子花小姐的一顿奚落。"凡奇说。

"让我估算一下，"阿诺想试一试，"356比300大，243比200大，$356+243 > 300+200$，你们的数量超过了500只。$356=300+56$，$243=200+43$，我们可以先把百位数相加，$300+200=500$，再把56和43相加，$56+43=99$，最后把它们合起来，$500+99=599$。"

凡奇和皮季并没有动弹。

显然，它们不信任这个陌生来客。

"阿诺说得没错。"金龟子迪宝说，"让我们算一下看看，$356+243=?$"这道题，我们可以利用数学中的三位数加三位数的连续进位法。

$$
\begin{array}{r}
356 \\
+\ 243 \\
\hline
\end{array}
$$

"在算之前，我们要列好上面的竖式。要注意三点：

1.相同数位对齐；

2.从个位加起；

3.哪一位上的数相加满十就向前进1。

"我们先把个位数相加，6+3=9，再算十位，5+4=9，最后算百位，3+2=5，结果就是599。"

"可是，"凡奇搓着双手，"仙子花小姐告诉我们，它花园里有469朵紫色花，576朵红色花，正准备开花，如果花朵的数量超过1000，我们就可以进去；如果不超过1000，我们就得等下一个花期。"

```
  356
+ 243
-----
  599
```

"这题比较难……"迪宝呃巴着嘴。

见到毛毛虫们可怜兮兮的样子，它绞尽脑汁思考起来："这是道三位数加法题，我先列个竖式。哪一位上的数相加满十，就要向前一位进1。先算个位，9+6=15，相加满十向前一位进1，个位上得5。再算十位，6+7=13，再加上刚才从个位进上来的1，就是14，也需要往百位上进一位，十位上得4。最后算百

```
  469
+ 576
-----
 1045
```

位，4+5=9，加上十位进上来的1，就是10，所以最后得数就是1045。"

"那又怎么样？"毛毛虫们齐声问。

"1045比1000多，也就是说你们可以去仙子花那里做工了。"迪宝又好气又好笑地摇着头。

话音刚落，阿诺和迪宝只感到一阵头晕目眩，等到它们能够站稳脚跟，看清眼前的路时，只见凤梨草上已经空荡荡了，仅看见几只跑得慢的毛毛虫的背影，不一会儿也消失在一片绿色植物中。

"它们居然没说一声谢谢！"迪宝气得触角也跟着发抖。

"小伙子，不要那么小气。它们不谢你，我来谢谢你，哇，谢谢你为我提供丰富的早餐。"

顺着这个嘶哑的声音回头望去，两个伙伴身后竟然站着一个丑陋无比的、体形巨大的绿色怪物，正低头朝它们伸出挂满绿色黏液的舌头。

第 **4** 章

绿怪物的苔藓药桶

（三位数连续退位减法）

就在头上长满苔藓的绿怪物要将金龟子迪宝卷入皱巴巴的大嘴里时，阿诺急中生智，咬漏了它腰上的一个巨大钱袋。

刹那间，金灿灿的金币滚落了一地。

要不是绿怪物连忙护住钱袋，里面的金币肯定漏光了。

绿怪物顾不上迪宝，伏到草丛里拾金币。

"多么可怕！"

迪宝和阿诺看到很多植物开始舔舐绿怪物，想把它吞到口里去，只是绿怪物个头太大，谁都没有成功。于是，这些植物反过来冲向迪宝和阿诺，它们逃到了空中。

"我从未见过这么可怕的植物。"阿诺胆战心惊地说。

"如果不饮用能量之溪里的水，它们是不会这么疯狂的。"迪宝说，"这全是黑天牛搞的鬼，它不知从哪里得来了一本黑石书，偷偷研习里面的能量知识，用各种能量配方，配制了能量之溪，使所有饮用过它的生灵，都发生了可怕的改变。"

"长老吉西也在学习那本黑石书吗？"阿诺问。

迪宝摇摇头："吉西学习的是白石书，原本是长老遗留这里并尘封的一本光明能量书，只是由于多年前学习这些口诀，让部落里的人吃尽苦头，这本书就被封印了。"

"我原本有100个金币，"坐在草丛里的绿怪物自言自语道，"可是现在只剩下79个，到底滚落进草丛多少个？丢了一个也不行啊。"

"你可以把79看成80，"迪宝远远地躲在上空，"100-80=20。倒霉蛋，你丢了20多个金币。"

绿怪物号啕大哭："到底是几个？这可全是我妈妈的买药钱。"

"100-79=21！"阿诺不忍心绿怪物再哭下去，"你不用再算了。79可以看成80-1，100-80=20，再加上多减的1就是21，口算就可以了。"

功夫不负有心人。

很快，绿怪物从一些植物的大嘴里，抠出了它的金币。

拿到这些金币，它变得一脸阴森森的，转向阿诺和迪宝："好啦，谢谢你们……不过，我现在肚子有些饿了。"

阿诺和迪宝在绿怪物舌头的"射程"之内。

"别忘了，是我们帮你找到了金币。"迪宝结结巴巴地说。

"要不是它毁掉了我的钱袋，你已经在我的肚子里了。"绿怪物的舌头卷起了迪宝。

这时，一朵巨蘑菇从泥土里拱出来："你还买不买药了？我马上就要关门下班了。"

绿怪物连忙吐出迪宝奔过去："灵旦旦医生，我只找到这只苔藓大桶，能装138斤，可里面已经塞了49斤的金晶石药引，不知能不能再装得下中药汤？"

"为什么不列个算式？"阿诺总以助人为乐，哪怕是这个绿怪物。

"阿诺，想要解开这道难题，我们必须先了解数学当中的三位数连续退位减法。"迪宝说，"解决三位数连续退位减法的难题时，我们要先注意以下两点：

1.初步理解笔算减法中连续退位的算理，并能正确地进行计算。

2.能结合具体情境进行减法的估算。

"掌握连续退位减法的笔算方法及减法的估算方法，不仅能提高我们的计算能力及估算能力，还能培养我们的自主探究能力和创新意识。"

见阿诺跃跃欲试，迪宝又说："你还没有学习退位减法的计算方法及估算方法，更无法理解连续退位减法的算理。"

绿怪物也很好奇，催促迪宝赶快讲。

"就像这道难题，"迪宝说，"要先将算式对齐，先算个位，8-9不够减，要从十位上退1，18-9=9，再算十位，十位刚借给个位1，所以还剩2，2-4不够减，要向百位借1，12-4=8。最后算百位，一共只有1，都借给了十位，所以百位上就是0，最后得数是89。"

迪宝还列出算式："这次的计算，我们真帮到你了。"

$$
\begin{array}{r}
138 \\
-\ 49 \\
\hline
89
\end{array}
$$

蘑菇医生灵旦旦打着哈欠："我这药熬好后，正好是89斤。"

这一结果令绿怪物喜出望外，连忙解下钱袋付金币，这时阿诺和迪宝趁机溜走。

第 5 章

堡垒巢

（加减法验算）

丛林里布满了陷阱。

阿诺和迪宝好几次险些被不知名的生物吞进肚子里。

太阳刚刚西斜，不管阿诺说什么，迪宝都不愿意继续走了。

"你不知道，只要夜幕一降临，一些神秘生物就会跑出来。"迪宝说，"我从吉西那里偷学来一种制作堡垒巢的方法，想要制造这种堡垒巢，得先找到176枚仙子花的叶茎，再找到243枚紫樱花的叶茎。"

"也就是说，"阿诺说，"找到176+243的和那么多的原材料。"

通过跟迪宝学习，阿诺已经掌握这种算式的技巧。

它列出竖式：

$$\begin{array}{r} 176 \\ + 243 \\ \hline 429 \end{array}$$

"没错，一共需要429枚叶茎！"阿诺一个翻转冲上云霄。

"你最好还是验算一下。"迪宝在下面大叫道，"加减法的验算，是检验一道算式对错的最重要的方法。我们得记住以下两点：

1.在解决实际问题的过程中理解加减法验算方法的数学依据和意义，并熟练掌握加减法的验算方法。

2.能选择恰当的方法对加减法进行验算，并逐步养成对自己的计算进行验算的好习惯。"

"可是，你并没有说方法。"阿诺说。

"只要掌握这两个公式就可以了。"迪宝说，"一是减法的验算：用和减去其中一个加数，看是否等于另一个加数。二是加法的验算：用差加上减数，看是否等于被减数。刚才这道题中，用和429减去其中一

$$429 - 176 = 253$$

个加数176，再算一遍，看看还是不是243……”

阿诺生怕自己算错了，这可是生命攸关的问题，连忙飞下来重新验算。

结果竟然是253。

问题出在哪里呢？阿诺情绪低落。

“没关系。”迪宝说，“离天黑还早着呢，我们不如好好地学习一下。你可以换个方法再计算一次，比如243加上176，看看和是多少。”

于是，阿诺又列了一遍竖式。

“啊，应该是419才对！原来我第一次算错了！”阿诺扑到迪宝身上，用触角碰触它的触角，“谢谢你，不然到了夜晚弄错了原材料的数量，制作堡垒巢就来不及了。”

堡垒巢很快便建筑好了，现在，只差最后一步——加入能量了。

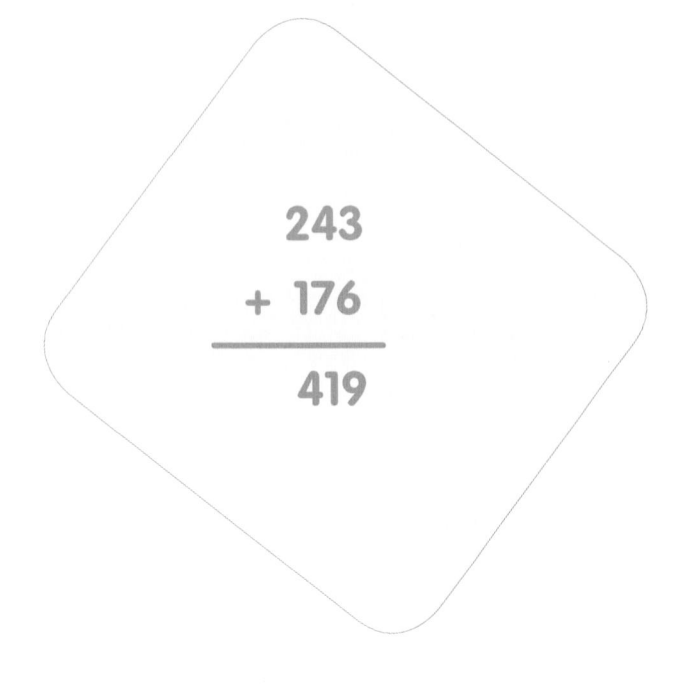

$$243 + 176 = 419$$

迪宝神情严肃地在堡垒巢上写写画画，等到写好了82句光明能量口诀后，它开始念起来。不知不觉，天黑了下来。

当最后一缕阳光从迪宝的脸上消失时，它惊得跳起来，慌得连说话也十分吃力了，更别提念口诀："我刚念完69句，还需要82-69=13（句）。可是，会不会算错？如果错了，这堡垒巢没有光明能量保护，就会被怪物和超级植物发现。"

阿诺也十分着急，吓得双腿不停地发抖。

此时，一幕幕可怕的情景开始在森林里上演了……

超级植物在四处追赶毛毛虫。

原本平静的小溪，也在月亮引力的作用下涌动起来，让黑夜里偷偷摸摸出来喝水的可怜昆虫不敢接近。

阿诺强忍住恐惧，认真地思考起来："根据你教我的加减法验算思路，我可以用被减数82减去差13，看看结果是不是等于减数69。"

$$\begin{array}{r} 82 \\ -69 \\ \hline 13 \end{array}$$

为了不出差错，阿诺又说："我还可以把减数69和差13相加，看看它们的和是不是82。"说着它又在旁边列了另一个竖式：

$$\begin{array}{r} 69 \\ +13 \\ \hline 82 \end{array}$$

"迪宝，我相信你！"

看着阿诺真诚的眼神，迪宝十分感动，飞快地念出剩下的13句口

诀。只见一道白光由堡垒巢里射出，笼罩住整个堡垒巢，堡垒巢缓缓升起，悬浮在半空之中，于是，阿诺和迪宝得以躲过地面上的怪物的追击，安然无恙地度过危机四伏的夜晚。

第 6 章

最后的客人叶虫

（加减巧算）

半夜，一阵阵呼救声和磨牙声，吵醒了阿诺和迪宝。

"我们不能见死不救。"阿诺爬起来，朝着浓雾笼罩下的树林望去。

黑暗的树林里，几百双绿眼睛在眨动，一些口水反射着亮光，看起来格外恐怖，而狰狞的笑声，更是令人浑身直起鸡皮疙瘩。

但它却不畏恐惧，几次俯冲下去，救了三只险入怪物口的昆虫。

阿诺还想再冲下去，却被迪宝拦住："你不了解这堡垒巢有多古怪，现在有4个房间，第一间长120毫米，第二间长60毫米，第三间长80毫米，第四间长40毫米，而整个堡垒巢一共长33厘米。最要命的是，房间虽然大，每进入一位客人就自动锁死，不再接纳了。"

叶虫

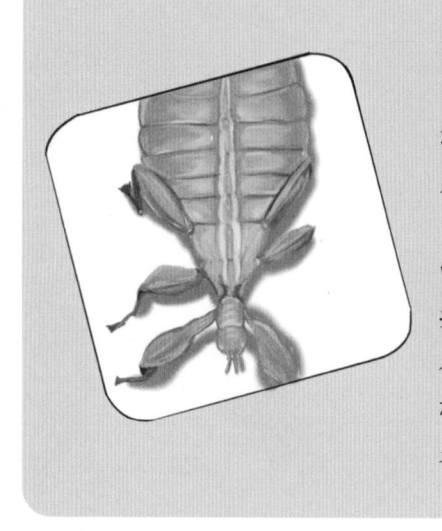

叶虫一般生活在亚洲热带潮湿的近海地区，在我国主要分布在云南、贵州、广东、广西、海南等地。叶虫大多是绿色的，外形看上去就像一片树叶，有的叶虫身体边缘还"伪造"出了被咬过的痕迹，像极了一片被虫子咬过的树叶。在爬行的时候，它们还会来回摇晃身体，就像树叶被风吹起。所以，叶虫真不愧是动物界的"模仿高手"。

"现在我俩住了一间，而其他三个房间已经住满了。"阿诺心慌意乱，十分痛苦，耳畔还不时传来微弱的求救声。

它终于下定决心："必须救这最后一位，哪怕今晚我守在堡垒巢外面也行。"

迪宝见拦不住阿诺，就一把捉住它的手："也许堡垒巢里还能建一间小屋，让我绘一幅图。"

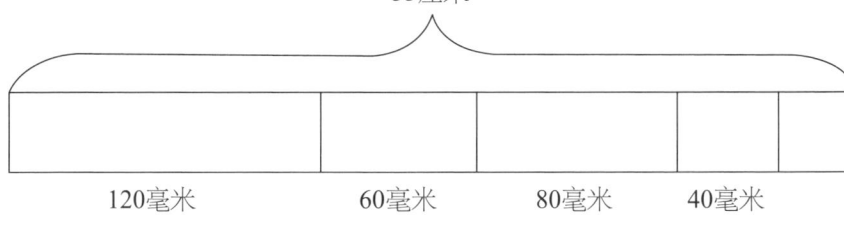

33厘米

120毫米　　　60毫米　　　80毫米　　40毫米

"120+60+80+40，想要很快知道答案，我们可以利用数学当中加减法巧算的原理。"迪宝说，"在进行加减运算时，为了又快又准确，除了要熟练地掌握计算法则外，还需要掌握一些巧算的方法。加减法的巧算主要是运用'凑整'的方法，把接近整十、整百、整千的数看作所接近的数进行简算。进行加减巧算时，凑整之后，对于原数与整十、整百、整千相差的数，要按照'多加要减去，少加要再加，多减要加上，少减要再减'的原则进行处理。另外，可以结合加法交换律、结合律以及减法的性质进行凑整，从而达到简算的目的。"

迪宝讲得更细致了："你瞧这4个加数，60和40互为补数，我们可以交换一下加数的位置，先算60和40的和；2和8也互为补数，所以120和80也可以放在一起算。"

"补数就是指两个数的和为整百？"阿诺问。

迪宝点点头："两个数的和恰好是整十、整百或整千，就可以称之为互补，运算的时候可以先放在一起算。互补的数求和，用一般口算就可以了，

60+40=100，
120+80=200，
100+200=300。

"最后结果就是300毫米。"

"你真是好样的！这样一来我就不用列竖式了！"阿诺高兴地说。

"300毫米就是30厘米，33-30=3（厘米），这要看下一个被救者个头有多大了。"迪宝说。

"不管有多大，我都要救这个不幸的生灵！"阿诺说。

阿诺一个旋转冲刺，降到了下面的树林里。

此时，一只浑身颤抖的叶虫，正被一条黏乎乎的大舌头，往嘴里拉拽填塞。

趁着夜色，阿诺将迪宝交给它的麻药粉撒到了这巨怪的舌头上，巨怪立即流着涎水无法动弹，阿诺抱起叶虫飞到了森林上空。

"要是盲目地让它闯进来，撑坏了这堡垒巢，我们都要掉到地上去。"迪宝慌乱地堵住入口。

一些飞虫怪在四周盘旋，贪婪地盯着阿诺和叶虫。

阿诺知道只有冷静才能救自己和叶虫，连忙一脸镇静地问怀抱里的可怜虫："你的身体有多长？"

"这……"叶虫还没从惊吓中回过神来，惊乱地回答道："我头长4毫米，中段肚子长11毫米，从肚子下面一直到脚跟，长8毫米。"

"4+11+8=？"阿诺努力集中精神，"加数里没有互补的数，这该怎么办？"

"我们可以试着凑出互补的数来，"迪宝叫道，"往左躲。"

等到阿诺躲开一只飞虫怪，迪宝又说："你瞧，4的互补数是6，8可以拆成6+2，而11可以拆成10+1，所以原式=4+6+2+10+1=10+10+2+1=20+3=23。"

"你的长度是23毫米。"阿诺惊喜地叫道，"3厘米=30毫米，显然比23毫米多很多。叶虫，你有救了！"

在小英雄阿诺不轻言放弃的努力下，叶虫也幸运地住进了神奇的堡垒巢。

44

第 7 章

疣柄魔芋堡

（补数）

呜呜呜……是谁在哭呢？

阿诺仔细听了听，这哭声是从叶虫的房间里传出来的。

阿诺爬过去，隔着门问："有什么是需要我帮助你的吗？"

叶虫哭得更伤心了："阿诺，谢谢你救了我。可是，我一想到我的好伙伴木棉天牛麦朵还被困在疣柄魔芋堡里，我就止不住悲伤。"

叶虫告诉阿诺，疣柄魔芋堡其实是一朵可怕的食人花，浑身散发出尸体般的腐烂怪味，它是邪恶黑天牛的手下。不管是

疣柄魔芋

疣柄魔芋分布于我国云南、广西等地，在越南、泰国也有分布。它们一般生长在河谷草坡、灌木丛或树林下。疣柄魔芋的花非常大，像一盏大台灯，开花的时候，会散发出腐尸般的臭味，引来大量苍蝇。虽然这臭味只会在花开的几个小时里存在，但就因为这独特的气味，疣柄魔芋又被人们称为"雷公屁""尸花"。

谁，接近它，就会被它释放出的磁力吸引到花柱上。

"木棉天牛麦朵就是在走近它时，被一道蓝光吸进了花柱里的。"叶虫说，"如果我们不尽快去救它，到了明天，恐怕它就化成一汪水了。"

阿诺推开门，把叶虫搂在怀里："别怕，有我呢！"

它们俩悄悄摸出堡垒巢，潜进了下面的草丛里。

没多久，它们就发现了那个巨大的疣柄魔芋堡。

"你在里面吗？"

听到叶虫的呼唤声，里面传出木棉天牛麦朵微弱的喘息："我想我没救了。我的手在流水……"

叶虫急得一拳砸到疣柄魔芋堡的花柱上，只见一道蓝光将它吸了进去。阿诺想要抓住叶虫，也被带了进去。

这个奇丑无比的大疣柄魔芋堡里面是一个可怕的地方，蕊部无数根细小的花丝像金字塔一样，一层层由少到多，从花瓣内壁的侧面由上到下排列，它们伸出触角捉住阿诺，把它压在了底层。阿诺被压得喘不过气，拼命挣扎着，挣扎中花粉四散，搞得乌烟瘴气的，阿诺和叶虫什么也看不见了。

阿诺伸出手乱抓着，抓到了另一只手，然后两只手紧紧地握到了一起："是你吗，麦朵？见到你很高兴！我是阿诺，叶虫红贝克的朋友。"

"阿诺，谢谢你来救我，不过现在还不是寒暄的时候，"木棉天牛麦朵说，"得想办法先出去。"

"红贝克个头最小，我们撑起来，让红贝克先逃出去。"木棉天牛麦朵和阿诺一起用力，终于让叶虫上到这金字塔花蕊的顶层，从一

第一层 8 根
第二层 9 根
……
……
第十五层 22 根

个小洞口钻了出去。

可是，木棉天牛麦朵和阿诺还在里面，这可怎么办呢?

"听着，"木棉天牛麦朵高声喊道，"这恐怖的花蕊金字塔，最上面一层有8根花丝，下面每一层都比上面一层多1根，一共有15层那么高!"

"我要怎么办?"外面传来叶虫着急的声音。

"你必须马上算出这疣柄魔芋堡里一共有多少根花丝，"木棉天牛麦朵接着喊道，"再找相同数量的矮树精身上的树叶，就能将恐怖的疣柄魔芋堡付之一炬。"

木棉天牛

木棉天牛主要分布在我国川西、云南、广东、广西等地以及越南、缅甸等国家。木棉天牛一般寄居在木棉树上，是我国天牛中最美丽的一个品种。它们身体背面是橄榄绿色，一般都带有紫铜色；触角上闪着蓝绿色的光，并且长着多簇黑毛，就像清洗瓶子的小刷子；身体上还覆盖着细密的金属色粉毛，映照出绿、蓝或是紫铜色。

"好好，我想想，得先列出算式：8+8+1+8+1+1+8+1+1+1……"叶虫哆哆嗦嗦地算着。

"你的式子太复杂了，"木棉天牛麦朵打断它，"我简化一下，最上第一层是8，从上往下每层比上一层多1，就是8+9+10+11+ … +22=？"

两个伙伴急得满头大汗，却无法一时算出准确的数量。

阿诺轻声说："没有你们想象的那么困难，这里面有很多互补的数字！这样的加法中，要先拆出补数来相加，8和22，9和21，10和20，11和19，12和18，13和17，14和16，一共有7组个位互补的数！更奇妙的是，这七组数字每一组两两相加得到的和都是30。列出算式是：30×7=210。"

听到叶虫要跑走的脚步声，阿诺连忙叫住它："再加上落单的15，210+15=225，一共有225根花丝！"

阿诺刚说完，可怕的事情发生了。

在这巨大的疣柄魔芋堡里，又出现了另四堆花蕊。显然，这是为了防止有人算出花丝的数量，而利用超级能量口诀隐藏了一部分花蕊。

经过计算，麦朵说："突出多出的四组花蕊每一组花丝的数量分别为487、321、113和479。"

"现在只要把它们加起来就可以算出总共有多少根花丝。"阿诺马上列出算式："225+487+321+113+479=？而87和13是补数！"

外面传来迪宝的声音："21和79也是补数！我来帮你们啦。"

阿诺非常感动，更有信心了："我们可以交换加数的位置，先算487+113和321+479，然后再加上225。原式=487+113+321+479+225=600+800+225=1400+225=1625。"

只听到一阵风似的脚步声消失了，没一会儿，在迪宝和其他伙伴的帮助下，叶虫采集来了足够数量的矮树精身上的树叶。只见巨大的疣柄魔芋堡被点燃了，顷刻间化作了一堆灰烬，而阿诺和木棉天牛麦朵犹如火中凤凰从大火中腾空而起，幸运地逃了出来。

自从在睡梦中被摘掉了许多片树叶，矮树精就憋了一肚子气，一直想找这些家伙算账。

"看你们往哪儿逃，我记得你们的气味。"矮树精的模样很奇怪，长着一张皱巴巴的人脸和人的四肢，还长了许多树干和枝丫。只从远处看，真以为它是一棵大树。

它一直走到日落西山，终于追上了阿诺一行人。

前方已无路可逃，伙伴们被逼到了一座古堡废墟前。

"你们是打不开这扇门的。"一张幽灵的面孔由古堡大门的宝石玻璃里透出。

阿诺吓了一跳，仔细一瞧，原来是一只夹竹桃天蛾幼虫。

"除非，"一个模样可怕的大家伙也出现在宝石玻璃上，"你们能

在这宝石玻璃门上，找到平行四边形。"

"嘿！别眨眼，仔细瞧着，门上的图案跳动起来，速度是很快的。"夹竹桃天蛾幼虫说，"不知多少寻找勇士之心的英雄，倒在了这宝石门外。"

阿诺感到有点硌脚，不禁低头一看，绿油油的草丛里嵌着不少森森白骨。

身后，矮树精已经近在咫尺，正张开长满尖牙齿的大嘴巴，准备咬开木棉天牛麦朵的外壳，吸食它的体液。

阿诺趁矮树精不备，用尖爪子勾了一下它的脚掌，它趔趄着朝后退去。

夹竹桃天蛾的幼虫

夹竹桃天蛾的幼虫一般生活在低海拔的山区，在我国广东、广西、台湾、福建、四川等地都有分布，喜欢以夹竹桃等有毒的植物为食。夹竹桃天蛾的幼虫身体肥大，它的突出特征是在胸背板上有一对黑边的蓝白色拟眼大斑，看上去像在头上长了一对大眼睛，是昆虫版的"钢铁侠"。

阿诺飞到半空，急切地叫道："赶快开始吧！"

宝石门突然闪起光来。

在光辉中，出现了一个奇怪的图案。只见这个图案大圆圈套小圆圈，看得人脑袋直发晕。

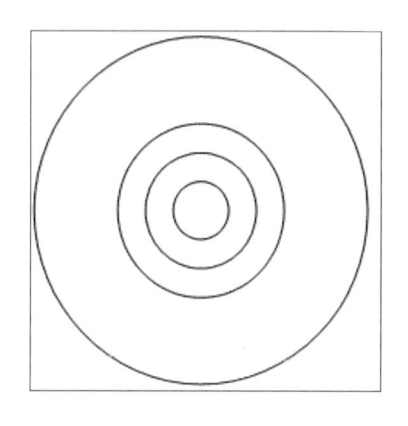

叶虫刚要按上去，被迪宝拦住："想要破解这道难题，我们得先了解基本图形的特点。基本图形有圆形、三角形、正方形、长方形、平行四边形、扇形等。长方形、正方形、梯形、平行四边形、三角形等是由线段围成的平面图形。圆是由曲线围成的图形。这里面全是圆圈。它的

白额高脚蛛

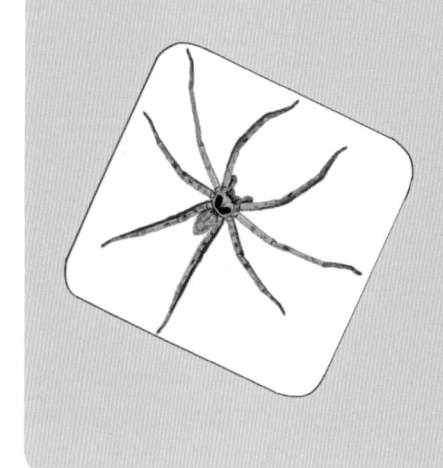

白额高脚蛛广泛分布在热带和亚热带地区，一般喜欢潜入住宅、农舍里。它是室内最大型的一种蜘蛛，张开脚时有一张CD那么大，额上有一条白色横带，所以得名白额高脚蛛。这种蜘蛛从不结网，白天躲在屋顶或是橱柜的缝隙里，晚上出来捕食蟑螂或飞行的昆虫，可以算是益虫。

特点是由曲线组成，直径所对的圆周角是90度。"

很快，第二个图案出现了，是一张笑脸。

阿诺认为这个就是平行四边形，它的手就要触到笑脸了，迪宝一头撞过来："就算树精已经咬开我们的喉管，这个也不能选。"

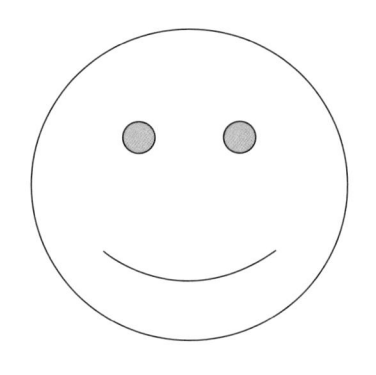

这第三个图案就更怪了，像连绵的小山。

迪宝已经急出满头大汗："还不是！它们是三角形。三角形的特点是有三条边，有三个角，三个角相加是180度。"

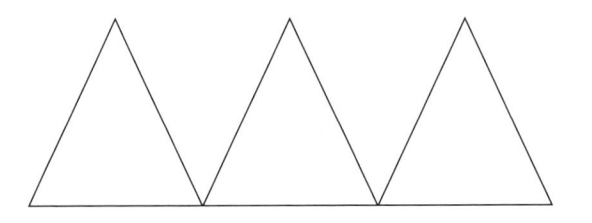

就在所有的伙伴一脸绝望，准备迎接矮树精的袭击时，一个更加奇怪的图案出现了。

它像一朵花，中间是一个圆形，四周围着五个很像正方形的图案。

"就是它。"迪宝一边将手按到宝石玻璃上，一边说，"这是一个由5个平行四边形和一个圆形组成的花朵图案。这花朵图案里有平行四边形。平行四边形的特点是由四条边组成，对边相等，对角相等。"

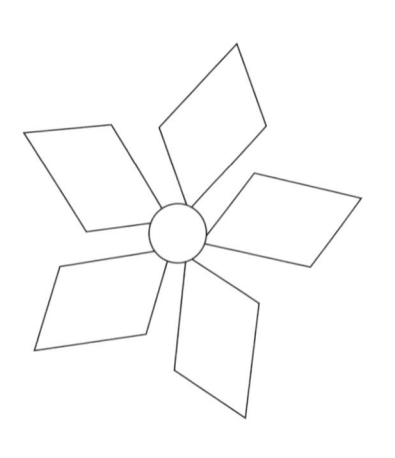

　　只见宝石门突然像水一般朝内陷去，变得柔软无比，让几个聪明勇敢的小伙伴在矮树精的牙齿碰到它们身上的瞬间，得以逃离，躲进了古堡废墟里。

第 9 章

飘浮的金盘子

（数列的排列规律）

古堡废墟里光线暗淡，头顶天花板上的光是暗蓝色的，除了一进门的大厅，其他的房间都半隐半现在蓝雾之中。

夹竹桃天蛾幼虫和一只白额高脚蛛正虎视眈眈地瞪着它们。

但仔细一瞧，这两个可怜的家伙脸色苍白，身体剧烈地颤抖着，都快把腿抖断了。

"好冷。"看到夹竹桃天蛾幼虫脸上的一层白霜，迪宝觉得更冷了，不禁打了一个冷战。

"你们……"夹竹桃天蛾幼虫嘎洛结结巴巴地讲，"很快就会被冻死的。"

白额高脚蛛布布好像也要说些什么，只见它哆哩哆嗦地走过来，却一头栽倒在阿诺的脚下。

阿诺一摸，它浑身冰冷："糟了！快为它暖暖身子。"

小伙伴们扑上来，一面忍受古堡的寒冷，一面揉搓白额高脚蛛布布的腿，可是好半天过去了，它却一动也不动。

这可吓坏了迪宝："它——死了吗？"

"这古堡是黑天牛的一座行宫，每当它溜达到附近的森林时，就会到这里休息。"夹竹桃天蛾幼虫嘎洛说，"瞧，这蓝雾里藏了很多个黑天牛的手下，正是它们搞鬼，才让这里如此寒冷。"

果然，蓝雾中有许多看不清面孔的蓝色小雾团，正在口吐白霜，吐到哪里，哪里就会结出冰花。

"现在逃出去，还能活命。"迪宝说。

木棉天牛麦朵和叶虫吓得直摇头："别忘了矮树精。"

阿诺正在苦苦思索，突然抬起头，在蓝雾中发现许多精美的金盘子。

"这是什么？"它飞上去，想碰盘子。

夹竹桃天蛾幼虫嘎洛吓得尖叫："它会爆炸！你们没发现布布少了一条腿吗？"

小伙伴们看去，果真发现白额高脚蛛布布缺失了一条腿，伤口还渗着暗绿色的血丝。

"这些金盘子是按照某种规律排列的。"夹竹桃天蛾幼虫嘎洛说，

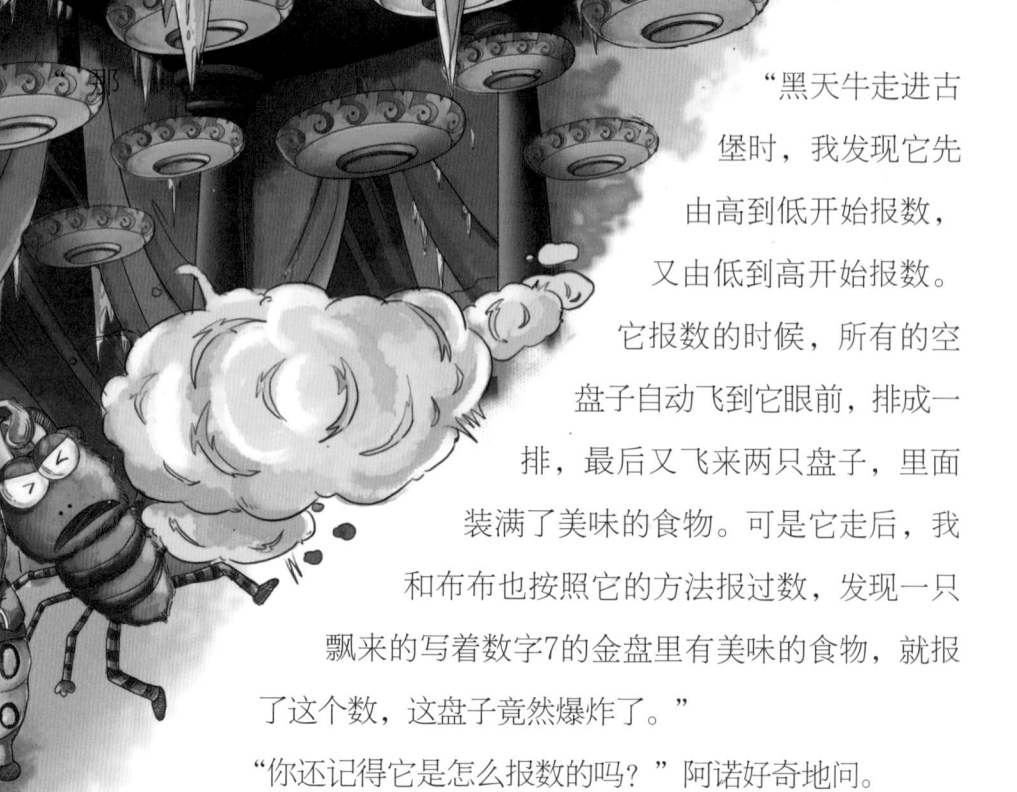

"黑天牛走进古堡时，我发现它先由高到低开始报数，又由低到高开始报数。它报数的时候，所有的空盘子自动飞到它眼前，排成一排，最后又飞来两只盘子，里面装满了美味的食物。可是它走后，我和布布也按照它的方法报过数，发现一只飘来的写着数字7的金盘里有美味的食物，就报了这个数，这盘子竟然爆炸了。"

"你还记得它是怎么报数的吗？"阿诺好奇地问。

"它是这样报的——"经过一番回忆后，嘎洛说，"7、6、5、4、3、2、1、2、3、4、5，排列的规律是先从多到少，7、6、5、4、3、2、1，再从少到多，1、2、3、4、5……"

"之后，它又报了两个数？"阿诺问。

"可是，由于它飞到半空，声音又很小，我和布布都没听清。"夹竹桃天蛾幼虫嘎洛伤心地说，"只有吃了盘中的食物，才不会感到寒冷……恐怕我们都要被冻死。"

"天无绝人之路。"迪宝听到这里，嘴角挂上一丝神秘的微笑，"我想我已经解开谜底了。在解题前，我们得知道，日常生活中，大家经常接触一些按一定顺序排列的数，如：

"自然数：1，2，3，4，5，6，7… ①

"年份：2000，2001，2002，2003，2004，2005，2006 ②

"某年级各班的学生人数（按班级顺序一、二、三、四、五班排列）45，45，44，46，45　③

　　"像上面的这些例子，按一定次序排列的一列数就叫作数列。数列中的每一个数都叫作这个数列的项，其中第1个数称为这个数列的第1项，第2个数称为第2项，……，第n个数就称为第n项。如数列③中，第1项是45，第2项也是45，第3项是44，第4项是46，第5项是45。

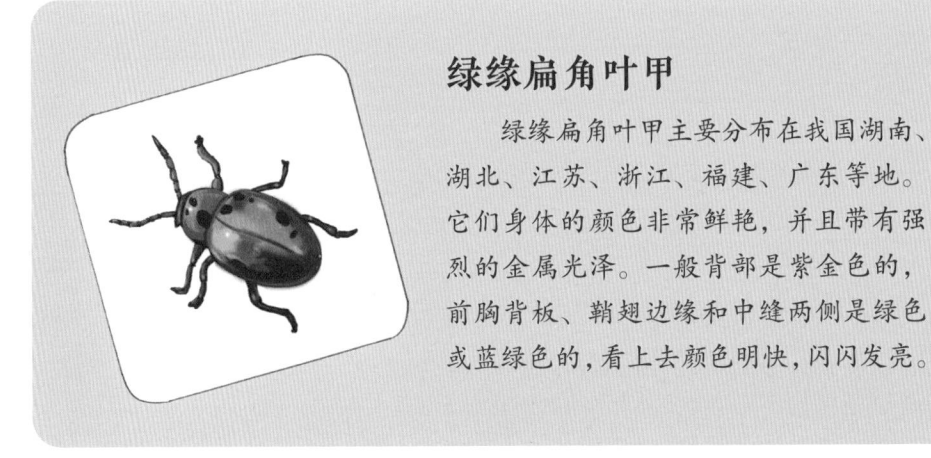

绿缘扁角叶甲

　　绿缘扁角叶甲主要分布在我国湖南、湖北、江苏、浙江、福建、广东等地。它们身体的颜色非常鲜艳，并且带有强烈的金属光泽。一般背部是紫金色的，前胸背板、鞘翅边缘和中缝两侧是绿色或蓝绿色的，看上去颜色明快，闪闪发亮。

"根据数列中项的个数分类，我们把项数有限的数列（即有穷多个项的数列）称为有穷数列，把项数无限的数列（即有无穷多个项的数列）称为无穷数列，上面的几个例子中，②③是有穷数列，①是无穷数列。研究数列的目的是发现其中的内在规律，以作为解决问题的依据。"

"迪宝，你太棒了。"阿诺兴奋地叫道，"按照你的方法，如果要接着往下排的话应该是6、7。因为先是从高到低排，第二项比第一项少1，从低到高排，第二项比第一项多1，先出现标有数字7的盘子，诱使布布报数，这肯定是不对的，因为5后面+1是6，

然后才是7。"

　　眼看着气若游丝的白额高脚蛛布布就要被蓝色小雾团包围了，阿诺知道不能再等下去，于是，它勇敢地跳到半空，按照夹竹桃天蛾幼虫嘎洛的办法报了一次数。最后，在两只装满诱人食物的盘子飘来时，没有理会先飘来的标有数字7的盘子，而是同时说出6、7两个数。

　　奇迹发生了。

两盘食物飘下来，伙伴们连忙将它们塞到布布的口中。

眨动几次眼皮，布布竟然睁开了双眼。它长长地吐出一串白雾，身体温度渐渐回升，伤口也愈合了。

为了报答勇敢的朋友们的救命之恩，它透露了一个秘密。

第 10 章

幽灵蛛

（巧求周长问题）

"你们绝对不会想到，"白额高脚蛛布布说，"我有一位神通广大的亲戚。"

小伙伴们很好奇，将布布围到中间。

"我爷爷就是人们闻之胆寒的幽灵蛛，"布布神秘地眨眨眼，"是黑石书的主人。"

这可把小伙伴们吓坏了，连连退后几步。

"它长年生活在不见天日的地下宫殿里，手中掌握着许多强大的超级能量口诀。"白额高脚蛛布布上前一步，"黑天牛正是因为送给我爷爷幽灵蛛山一般高的金币，才掌握了一些皮毛。"

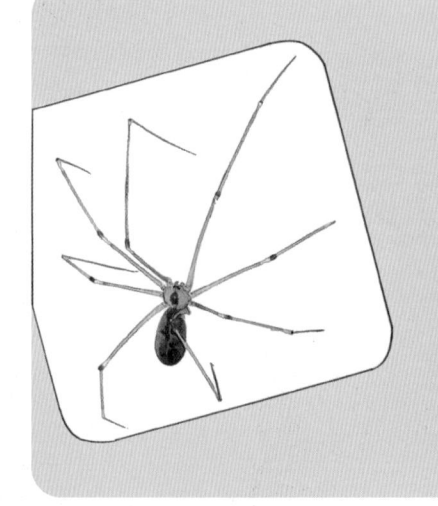

幽灵蛛

幽灵蛛主要分布在低海拔的山区，喜欢栖息在低矮的灌木丛中。如果寄居在人类的房子里，它们喜欢躲在房间阴暗的角落里。幽灵蛛一般体长6毫米左右，头部是土灰色的，腹部是淡褐色的，脚非常细长。它们会结不规则的网，用来捕食小型昆虫。幽灵蛛是益虫，没有毒，也不会攻击人类。

这真让人毛骨悚然。

迪宝决定远离这个大麻烦。

布布却不放过它，一把捉住它的触角："听好了！今晚午夜十二点钟，黑天牛会带着第二批金币，去向我爷爷学习更多的超级能量口诀。"

"谢谢你。"蜂王阿诺听到这话，心情非常沉重，"如果黑天牛掌握了大部分超级能量口诀，那么，对整个森林来说将是一场灾难，我要去阻止它。"

"我只是想让我爷爷看在我的面子上，给你们免费教授一些超级能量口诀。"布布听说阿诺要去和黑天牛斗争，着实吓得不轻，"听着，你阻止不了的。我爷爷可是个嗜钱如命的主儿，不然它也不会教黑天牛超级能量口诀。"

然而，阿诺并没有听它的，而是毅然决然地在午夜到来之际，在幽灵蛛的地下宫殿里现身，站到黑天牛面前。

这只头戴假面的黑天牛吓坏了，念起口诀，将阿诺吹进了壁画牢狱中。

湿滑的监牢暗处爬满了不明蠕虫，它们正飞快地爬过来，想吃一顿昆虫大餐。

黑天牛又接连

将其他躲在暗处的小勇士吹进了别的壁画中。

"如果不让它们在画里变成木乃伊，我就不会付钱给你喽。"黑天牛拿着装金币的袋子在幽灵蛛眼前晃动，趁着幽灵蛛垂涎欲滴地发愣时，也一口气将它吹进壁画中。

"爷爷，救救我们。"白额高脚蛛布布慌慌张张地扑过去。

布布没想到，爷爷比自己抖得还厉害。

"完了！"幽灵蛛急得团团转，"虽然我学习了那么多超级能量口诀，但这幅画中隐藏的超级能量口诀却没破译。"

布布一屁股跌坐到地上，连眼泪也顾不得擦了。

而阿诺从困住自己的壁画牢狱中勇敢地站起来，它想到了勇士之心，想到了要救老蜂王和所有的蜜蜂族群。

在它的大声询问下，幽灵蛛说："瞧见这画了吗？年轻人，你被困的画长是20分米，高是16分米。你只有算出它的周长，才能够逃出来。"

阿诺心慌意乱，因为它根本就没有学习过这个数学知识。

迪宝却面露微笑："我躺在界碑里几百年，经常听到长老木棉天牛吉西传授智慧——正方形周长=边长×4，长方形周长=（长+宽）×2=长×2+宽×2。这两个计算公式虽然看起来十分简单，但用途却十分广泛，用它们可以解决许多直角多边形（所有的角都是直角的多边形）的周长问题。这是因为直角多边形可以分割成若干个正方形或长方形。"

20分米

16分米

听了迪宝的话，阿诺一下子明白过来："困住我的这幅壁画是长方形，它的周长就是四条边长度的总和，也就是长+宽+长+宽，一共有两个长、两个宽，就是（长+宽）×2。也就是说，这幅画的周长是：

（20+16）×2=
36×2=72（分米）。"

16分米

16分米

阿诺话音刚落，自己的身体就像离弦的箭一般，从所困的壁画牢狱里飘离出来。

它连忙飞到困住伙伴们的壁画前："这幅壁画的

长和宽又是多少呢？"

"长是16分米，宽也是16分米。"幽灵蛛一脸渴望的神色，同时也充满担忧，"这个你也行吗？"

阿诺说："它是正方形，正方形是长和宽相等的特殊长方形，长方形的周长公式对它也适用，所以这幅壁画的周长是：

（16+16）× 2=16 × 4=64（分米）。"

"正方形因为长宽相等，所以它的周长可以直接用边长×4来算。"

迪宝刚一说完，身上已爬满蠕虫的小伙伴们全都飘离出壁画。

令它们没想到的是，刚获得自由的幽灵蛛，念起了可怕的超级能量口诀。

随着冷风四起，它们像种子一般钻入柔软的泥土里，坠到了地下深处两口泛着绿光的古井中。

咕咚，咕咚。

咕咚，咕咚，咕咚。

小伙伴们接二连三地坠入井中。

这两口古井有蹊跷，一口井里的水像北冰洋一样寒冷，另一口好像是火山口，四周的石壁是火红色的，连井水温度都快要接近沸点了。

"这就是传说中的阴阳井。"寒冷的井口上方，传来幽灵蛛的说话声，"这一口是阴井，井水冰冷；另一口是阳井，井水滚烫。要不了多久，你们就会由于寒冷或燥热，而丢失所有的记忆，做一个无忧无虑的孩子。"

幽灵蛛叹了一口气就消失了："谁让你们招惹了可怕的黑天牛呢……"

"爷爷！"尽管白额高脚蛛布布痛哭流涕，却没有得到爷爷的怜悯。它正在上面数钱呢。

白额高脚蛛布布、叶虫红贝克和木棉天牛麦朵在阳井里忍受着火一般的温度，浑身的绒毛都要燃烧起来了。

而身在阴井的阿诺和迪宝，却冻得连咬牙的力气也没有了，身体渐渐僵硬，朝井底滑去。

不！

玉带蜻

玉带蜻主要分布在我国江苏、福建、湖南等地，喜欢生活在池塘、湖泊等静水环境的周边。玉带蜻的飞行技术特别高超，它可以朝前后左右各个方向自由地飞行。它不但可以倒退着飞，还特别善于急转弯，并且速度极快。在早上或是下午没有下雨的时候，玉带蜻都会在自己的领地来回地巡逻。

不要忘记！

阿诺用尽全身力气，摇晃着脑袋，它害怕自己会失忆，那样，就会忘掉自己是蜂王阿诺，忘掉去拯救老蜂王和可怜的同族兄弟姐妹们。

它不停地在井水中转圈，寻找着解救办法。

一阵冷风吹过后，突然在井沿上多了一只玉带蜻。

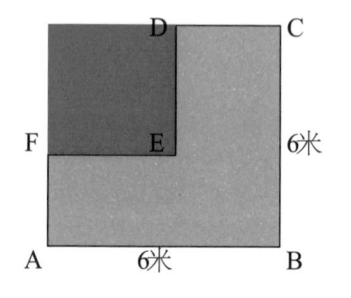

阴阳井的守护神玉带蜻轻轻扇动几下翅膀后，半空中出现这样一个图案：

"这是阴阳井的平面图，蓝色的部分是阴井，红色是阳井。"玉带蜻说，"原来在阴井的井沿上，每隔1米，蹲有一只口吐火焰的火精灵，现在，它们被困在阳井里。你们只要从阳井里救出足够数量的火精灵，按距离围阴井沿安排一圈，阴井的水将不再寒冷。"

"可是，我们不知道这阴井的周长。"阿诺着急地说。

"我只能向你们透露，AB、BC两条边都是6米长。"玉带蜻压低嗓音说，"胜利永远属于勇敢的人。"

"这实际上是个数学巧求周长的问题，要先算出这个阴井的周长。"迪宝说。

"可这是一个多边形，没有公式可用，"阿诺发愁地说，

"除了把CD、DE、EF、FA四条边都测量出来，没有别的办法。"

迪宝却笑了。

它的笑很难看，因为脸已经被冻僵了："这个多边形的周长是可以求的。但我们必须把这个图形补成一个正方形。通过对数学知识的学习，我们已经认识了长方形和正方形，也会运用长方形、正方形的周长公式来计算它们的周长。但是，有些图形不是规则的长方形或正方形，这时，我们可以运用分、补、移、变形等方法，把不规则图形转化为长方形或正方形，然后利用公式进行周长的计算。正方形周长=边长×4，长方形周长=（长+宽）×2=长×2+宽×2。"

玉带蜻轻轻扇动翅膀，使图案变成右边的图形。

迪宝叫道："你们看，这个大正方形是ABCG，如果我们把线段EF水平向上移动，移到CG边上，这样CD+EF的长度正好与AB的长度相等，也就是6米。同样，我们把竖直方向上的DE边向左移动，移到AG边上，这样AF+DE的长度正好与BC边的长度相等，也是6米。"

"你是说，虽然CD、DE、EF、FA四条线段的长度不知道，但这四条线段的长度之和我们可以求出来。"阿诺高兴地叫道，"这样求这个多边形的周长就转化为求一个正方形的周长了！"

"你说得没错。"迪宝伸出大拇指，"6×4=24（米），这个阴井的周长是24米，一共需要25个火精灵！"

"不对，因为这是一个首尾相连的闭合图形，所以只需要25-1=24个火精灵。"迪宝朝着阿诺的背影喊道。

阿诺凭借自己的坚强和毅力，冲出阴井，并一头扎进阳井中，在滚热的水中，背出了24个火精灵。

怪事在这时发生了。

这捞出的24个火精灵全被放到阴井的井沿上时，阳井里由于火精灵只剩下几个，水不再滚烫难忍，而变得温和极了，白额高脚蛛布布和叶虫红贝克竟然在里面惬意地搓起澡来。

而阴井呢，自从火精灵开始吐火，里面的水也变得温和多了，像琼浆玉液一般闪烁着光辉。现在，没有了冷与热的煎熬，阿诺不再害怕会发生可怕的失忆灾难了。

自从逃出可怕的幽灵蛛地下宫殿，阿诺他们在森林里转了几天几夜，却丝毫没有勇士之心的下落。

"已经到了深秋时节。"阿诺的心情十分低落，"冬天大雪会覆盖一切，蜜蜂家族辛勤劳作一整年，就是为了能度过一个安稳的冬天。可是现在，蜂巢被大黄蜂抢占，它还逼迫老蜂王和蜜蜂们去采蜜，我担心它们会饿死冻死在冰天雪地里。"

阿诺做了一个大胆的决定："我要一边寻找勇士之心，一边采花酿蜜，建蜂巢。"

迪宝吓得直吐舌头，要知道，这儿可是处处充满超级能量的危机四伏的森林。但为了帮助好朋友，它强忍住恐惧，和伙伴们一起行动起来。

这森林里的花蜜可不好采，因为花蜜的主人浑身长满尖刺，还有一条绿舌头，舔到哪里，哪里的能量就会被它吸收，变得更加疯狂。就在伙伴们经历千难万险，终于建造好了蜂巢，采集了许多花蜜后，可怕的切叶蜂发现了它们。

切叶蜂正在空中小城堡里喝魔力咖啡。

这些魔力咖啡让它想入非非，它觉得自己应该是阿诺建造的大蜂巢的主人，应该是个了不起的大蜂王。而实际上，它只是黑天牛的一个小伙计，专门管理着一个大而可怕的琥珀池。

它的工作就是收集松树上刚刚滴下的松油，积到池子里，专等路过的昆虫，好将它们骗到池里，制成一块块精美的琥珀。

然后利用超级能量，它对着每一块琥珀念口诀，使里面的昆虫唱歌、跳舞、朗诵诗，专门逗黑天牛开心。

这时，切叶蜂伪装成一只美丽的蓝豆娘，一条腿陷入琥珀池里，拼命挣扎着："快救我！"

阿诺和金龟子迪宝最先上当，紧接着，其他的小伙伴也深深地陷入琥珀池里。

切叶蜂不容它们有半点思考时间，就把它们全都制成了琥珀。

而它自己，则快乐逍遥地跑到蜂巢里去吸蜂蜜。

空气越来越令人窒息，阿诺趴在半透明的琥珀上，大口喘息着，眼睁睁地看着琥珀在切叶蜂的召唤下，飘向半空，它也不由自主地在超级能量的操纵下，开始放声高歌。它努力让自己的思想不完全被切叶蜂控制，想找到一个逃生的出口。通过一番寻找，阿诺果真有了惊喜的发现。

"这里有一个长方形图案的飘窗，显然比这琥珀球的其他位置要薄，这一定是为了方便邪恶的黑天牛听自己唱歌而设置的。"阿诺思考着，

切叶蜂

切叶蜂不仅在中国各地广泛分布，而且遍布世界其他地区。它们最明显的特征是，在腹部长有一簇金黄色的短毛。切叶蜂常常把自己的巢穴建在空心的树木中，开始筑巢的时候，它们会把脚停在叶子中心，而身体在叶子上转圈，与此同时用锋利的大颚在自己身边的叶子上挖出一片近乎圆形的碎片，这就是切叶蜂名字的由来。

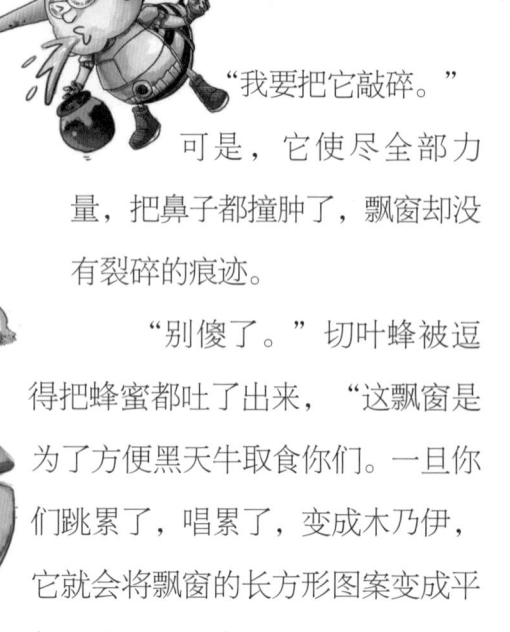

"我要把它敲碎。"

可是，它使尽全部力量，把鼻子都撞肿了，飘窗却没有裂碎的痕迹。

"别傻了。"切叶蜂被逗得把蜂蜜都吐了出来，"这飘窗是为了方便黑天牛取食你们。一旦你们跳累了，唱累了，变成木乃伊，它就会将飘窗的长方形图案变成平行四边形的图案，飘窗自动开启，我的主人就会钻进去饱餐一顿。"

阿诺不但没有害怕，反而欣喜若狂。

它想到，虽然长方形和正方形也是平行四边形，但属于特殊的平行四边形，想把飘窗打开，应该将长方形变形为非直角的平行四边形。于是它心里有了主意。

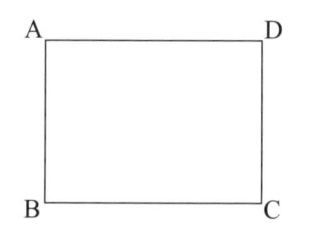

它一边更加卖力地唱歌，一边给长方形飘窗的四个角分别标上了字母，然后用锋利的上颚从C点一路沿直线切割到边AD上的E点处。只要把切下来的三角形CDE拼到AB边上，就是一个平行四边形FBCE了。

它十分清楚地记得迪宝曾经告诉它的知识：在数学当中，分割图形是提高我们的头脑灵活性，增强我们的观察能力的有趣游戏。想要分割图形，先要学习三大图形处理方法：

1.理解掌握图形的分割；

2.理解掌握图形的拼合；

3.理解图形的剪拼。

把一个几何图形按某种要求分成几个图形，就叫作图形的分割。反过来，按一定的要求把几个图形拼成一个完美的图形，就叫作图形的拼合。

将一个或者多个图形先分割开，再拼成一种指定的图形，则叫作图形的剪拼。如果把一个图形分割成若干个大小、形状相等的部分，那么就要想办法找图形的对称点，把图形先分少的，再分多的。图形中，如果有数量方面的要求，可以先从数量入手，找出平分后每块上所含数量的多少，再结合数量来分割图形。

如果是要把几个小图形拼合成一个大图形，要特别注意每条边的长度，把相等边长拼合在一起，先拼少的，再拼多的。

正当切叶蜂得意地欣赏着小伙伴们痛苦的哭泣、绝望的呻吟时，阿诺成功地逃了出来。

它悄悄地将所有的琥珀都按照那个方法切割开，救出了所有的小伙伴。

它们齐心协力，各自含了一口松油，喷到切叶蜂的身上，让它变成了一块大大的琥珀。

"对不起！"迪宝由于太高兴，将松油吐到了蜂巢上，可是它们马上就发现，有了松油的保护，蜂巢变得坚固无比，别说是大黄蜂，就是可怕的黑天牛都攻不破。

于是，阿诺在朋友们的帮助下，将蜂巢外层涂了一层松油，它很快就变成了一个结实的琥珀蜂巢。

第 13 章
绿妖娘花的毒孢子

（有余数除法）

将琥珀蜂巢在地上滚来滚去地前行，速度太慢了。

金龟子迪宝想到一个好主意。

它利用从长老木棉天牛吉西那里学来的一个光明能量口诀，结合水灵芝的威力，让蜂巢长出了翅

膀，现在，琥珀蜂巢可以扇动翅膀，在空中飞快地前行。这让食人花气得直跳，矮树精也破口大骂——蜂王阿诺和这群肥嘟嘟的昆虫无法再落入自己的口中了。

琥珀蜂巢越飞越高，飞向远方。

隐翅虫

隐翅虫在世界各地广泛分布，喜欢生活在水田、草地和树林中。它们的外形有点像白蚁，身体是橘黄色的，头、胸和尾部都是铁青色的。隐翅虫的鞘翅非常短，大多数隐翅虫把后翅隐藏在了前翅的下面，它们因此而得名。研究人员正在努力研究隐翅虫折叠后翅的秘密，未来说不定有可能利用它进行发明创造呢！

小伙伴们正在快乐地乘风前行，突然被一阵尖细的哭声吸引。

琥珀蜂巢降落到地上后，阿诺看到了两张阴沉的面孔，正是木棉天牛吉西和苎麻双脊天牛皮多克。

在它们身后有一块黑色的大海绵，在艰难地移动。

"是那个寻找勇士之心的家伙。"吉西借用皮多克的宝石眼镜，打量着阿诺。

"又来一个……"皮多克撇撇嘴，表情让人莫名其妙。

阿诺勇敢地跳到了地上，它想救助那个哭泣的可怜虫，可是它发现发出哭声的并不是昆虫，而是黑色的大海绵。而木棉天牛吉西和苎麻双脊天牛皮多克正站在一旁幸灾乐祸呢。

很快，阿诺惊恐地看到，一些淡绿色的孢子粉，钻入了自己的皮肤里。

"这里是我们的超级能量花园，"吉西捏住鼻子，"但凡闯入的昆虫，身体都会吸入绿妖娘花的能量孢子粉，膨胀得奇大无比，之后，你们看到了——"

阿诺惊恐地看向大海绵，它吃惊地发现，这肥硕的轮廓竟然很像一只隐翅虫。

隐翅虫杰多边哭边在地上打滚："快救我！"

"快逃。"迪宝呼喊阿诺上蜂巢。

吉西和皮多克冷冷地将目光从空中蜂巢移向阿诺。

虽然皮肤正在发生微微的变化，阿诺却并不动摇："我要救它。"

长老吉西"扑哧"一声笑了。

"一定有解药。"阿诺严肃地叫道。

"解药就在绿妖娘花的花蜜里，"苎麻双脊天牛皮多克说，"就看你能不能智取了——每一朵绿妖娘花都有花蜜23滴。分别将它涂在五官上，每一处涂4滴。余下的是口服的，吞下就会恢复如初。"

皮多克愤怒地看向大海绵："可是你瞧，这笨家伙毁坏了我许多绿妖娘花，却将自己涂得越来越糟。"

"我不知应该在每一个器官上涂几下。"杰多痛苦地大叫着，"每一次出错，我的身体都会不断胀大。我的肚子快要爆炸了，好痛！"

"快！"迪宝尖

叫着。

见蜂王阿诺不为所动，它冒险飞下来："如果再待下去，你也会变成大海绵。瞧，你的身子在不断胀大，都快变成绿巨人了。"

"得帮帮它。"阿诺勇敢地面对着难题，对迪宝吼道。

迪宝马上在空中列出一个除法算式：

$$\begin{array}{r} 4 \\ 5{\overline{\smash{\big)}\,23}} \\ \underline{20} \\ 3 \end{array}$$

"可是，我看不懂啊。"杰多越哭越伤心。

"你听我讲解就能看懂了。"迪宝说，"我们遇到的这道难题，跟数学中的有余数除法有关。平时我们会遇到把一些果子平均分给几个小伙伴的问题，要使每个小伙伴分得的个数最多，这些果子分到最后会出现什么情况呢？一种是全部分完，还有一种是有剩余，并且

剩余的个数必须比小伙伴的人数少，否则还可以继续分下去。每次除得的余数必须比除数小，这就是有余数除法计算中特别要注意的。"

"答案到底是多少呢？"杰多很着急。

"着急就会出现错误，"迪宝说，"先耐心听我讲，解这类题的关键是要先确定余数，如果余数已知，就可以确定除数，然后根据被除数与除数、商和余数的关系求出被除数。在有余数的除法中，一定要记住：第一，余数必须小于除数；第二，被除数＝商×除数＋余数。"

阿诺听得很认真，它脑海里有了一个想法："看样子23不能被5整除，所以有余数。也就是说，$23 \div 5 = 4 \cdots\cdots 3$，每处分4滴，余数是3。"

"余数？"杰多不解地问。

"余数就是指被除数除以除数不能整除，余下来的数。23滴平均分给我们五官，每个器官分4滴就会剩下3滴。这个3就是余数了。也正是这大海绵要吞的滴数。"

迪宝认为自己也按照这个方法实施一遍，

一定可以免疫了，却没想到皮多克这样说："你身体上吸入的孢子粉很少，只需要吞1滴就足够了，否则会中毒而亡。"

迪宝吓得栽了一个跟头。

它马上照做了。"那我的朋友——阿诺呢？"

"它需要将余下的滴数，分别涂在脸上的五官上，剩余的吞下去。"皮多克说。

"让我算算。"蜂王阿诺说，"23-1=22，现在是22滴花蜜由我的五官平均分。22滴5个器官分，每个器官分4滴，余数正是2。"

于是，它也照做了。

此时，大海绵早已按照迪宝最初算得的结果涂抹吞咽过花蜜，已经变回隐翅虫杰多。

令它们没想到的是，飘浮在绿妖娘花园上空的琥珀蜂巢也受到了袭击。上面沾满了绿妖娘花吐出的孢子粉，里面的小伙伴们身染毒粉，已经变得虫不像虫，怪不像怪。

"至于它们，"长老吉西说，"各自取绿妖娘花蜜18滴，平均涂在脸上的五官上，余下的吞进肚子里。"

　　聪明的阿诺已经掌握除法算式的运算，它叫道："18÷5=3……3，每个器官涂3滴后，还余3滴。大家数好，千万别弄错了。"

　　经过一番采摘涂抹与吞咽后，小伙伴们全都得救，载着隐翅虫杰多逃出了绿妖娘花园。

第 14 章
地雷花种子
与超级树怪
（时钟问题）

扫码领取
• 本书配套音频
• 数学单位课堂
• 数学学习方法
• 课后故事随身听

椿象兄弟大趣和小趣是黑天牛的得力战将。

这几天，它们驾驶着橘皮藤萝大战车，在所有的植物、动物都已变得疯狂的森林里驶来驶去，寻找阿诺和它的小伙伴们。

同时，它们还在地下埋了好多地雷花种子，这些种子长得十分像地雷，威力可比地雷大多了。只要踏到它们身上，它们就会释放出浓浓的蓝雾，令人麻痹，变成超级树怪，浑身生出叶片，嘴里长出长长的吸管，脸膨胀得像只大南瓜，还有一条绿色的大舌头，无论见到什么就吸什么的能量。

"我已经有半个月没有睡好觉了。"大趣打着哈欠，"埋了这么多地雷花种子，它们一定难逃厄运了。"

果然，琥珀蜂巢刚一飞进这片可怕的树林，叶虫和它的朋友木棉天牛麦朵就被一片绚丽的花丛吸引，飞到花丛中，不幸踏到地雷花种子上，变成了超级树怪。

椿象

　　椿象在中美洲和亚洲地区都很常见，它的种类繁多，全世界有5000多种，其中有的是益虫，有的是害虫。椿象在夏天出现得最多，到了冬天数量就很少了。在受到攻击的时候，椿象会从腹部顶端释放出大量的毒雾喷向攻击者，气味恶臭，所以又被人们叫作放屁虫。

　　任凭白额高脚蛛布布怎么叫喊，这两个家伙都不动弹，还背对着它。

　　布布好奇地走过去，只见两个青面獠牙的大怪物扑向自己。

　　布布朝后退去，想要逃走，也不幸踏到地雷花种子，遭遇了同样的厄运。就这样一个找一个，一个救一个，除了迪宝和阿诺，其他小伙伴都变成了超级树怪。

　　"别再执迷不悟了。"金龟子迪宝心中充满恐惧，后退着说，"这片森林是坏蛋们的天下。哪有什么勇士之心，赶快逃吧！"

　　阿诺的心脏咚咚狂跳。

　　看到可怕的超级树怪在吸昆虫的能量，行为变得越发古怪，它也有点动摇了，可是想到受困的同胞族群，再看看眼前这些变成超级树怪的朋友，不禁泪水盈眶："一个都不能少。"

　　阿诺一把将迪宝推向琥珀蜂巢："你快逃！"

大趣和小趣驾驶着橘皮藤萝大战车疯狂地扑上来，要不是逃得快，阿诺就丧命在大战车的狼牙车轮之下了。

它刚飞到半空，大战车里又飞出无数枚幽灵弹，将阿诺炸到了时间沼泽地里。

"想要逃出时间沼泽地，你必须要忍受9780秒的煎熬，因为这时间沼泽控制你的速度，要等到1分钟，也就是60秒的时间，才能迈开一步。"大趣说，"说不定爬出来前，你就被淹死了。"

"更加可怕的是，"小趣边说边发抖，"再过1440分钟，你的伙伴们如果吃不到沼泽地里的小蒜人，就再也变不回原形了。"

这时间沼泽地太可怕了。

阿诺发现大趣和小趣每看沼泽一眼，就不停地发抖，开着橘皮藤萝大战车远走了。

"现在，只有我自己才能救自己。"阿诺瞪起大眼睛，死死地抠住每一块能攀住的草苔，"想要弄清楚9780秒等于多少小时，小伙伴们是否还有救，必须得先知道时间单位。时间单位分为时、分、秒。钟面上一圈被平均分成12个大格，每个大格又被分成相等的5个小格。这样，上面一圈共有60个相等的小格。时针走1大格的时间是1小时；分针走1小格的时间是1分钟；秒针走1小格的时间是1秒。秒针走1圈是60秒；分针走一圈是60分钟，时针走一圈是12小时。当时针走过一个数字时，分针就走了一圈，即1小时=60分。当分针走过1小格时，秒针就走了一圈，即1分钟=60秒。"

它想要爬到一块草苔上，却扑空滑进淤泥里："1分钟=60秒。9780÷60=163（分钟），60分钟就是1小时，163÷60=2……43，如果我咬牙坚持，最少花上2小时43分钟，就能够摆脱可怕的时间沼泽地。"

它用尽全身力气，边吐灌到嘴里的淤泥和苦水边往前攀爬。

沼泽地里的小蒜人在它身边神出鬼没。

它们的模样怪极了，长着一个大大的脑袋，模样很像大蒜，却长着一双绿眼睛，嘴里还有一条细细的小舌头，专门捉小虫吃，浑身还散发出一股大蒜气味。

阿诺只要发现有小蒜人从身边走过，就捉住它们，塞到衣袋里。

它边听小蒜人吱吱地叫，边思考着："1440分钟！1440÷60=24（小时），24小时就是一天一夜！太好了，还有一昼夜的时间，它们才会真的变成超级树怪。"

它永不言弃，经历千难万险，终于逃到了岸边的草丛里。

此时，它的口袋里已经装了满满一袋小蒜人。

阿诺想将小蒜人喂给小伙伴吃，却发现小蒜人眼泪汪汪："不要不要。"

"我也不想将你们喂给超级树怪，可是，还有别的办法吗？"

阿诺发愁地盯着它们。

"让它们闻闻我们的气味！"一个小蒜人说，"只是威力有点小，要花点时间解药才能发挥效力。"

这个办法好，多花点时间也值得。

它边躲闪超级树怪的进攻，边将每个小蒜人都挂在它们的树枝上。这样，巨大的蒜味弥漫了整个森林，超级树怪开始不停地打喷嚏。

超级树怪每打一个喷嚏，就喷出一个被它们吞进肚里的小昆虫。

"只要等时针走到10的位置，分针走到第20格时，它们就会变回来。"小蒜人们谢过阿诺，身上闪出一道白光，就钻进泥土里消失了。

阿诺的心情忐忑极了。

它一边躲避着超级植物，一边又得保证超级树怪不发怒捣毁琥珀蜂巢，还要抢救被喷出的小昆虫。

它发现手表上的时针在9的位置，分针则在第5格的位置。"现在的时间是9点5分，等时针走到10的位置，分针走到第20格的时候，时间就是10点20分，10-9=1（小时），20-5=15（分），至少还有1小时15分它们才会变回来。但愿我能支撑得住。"

"阿诺！"

"是你吗？"

阿诺欣喜地发现，这些夺命超级树怪开始有知觉，能认出自己了。

等到时间过了1小时15分，勇敢的阿诺得到了回报，不仅是小伙伴们，而且其他超级树怪也都变回各种生灵，一齐紧紧拥抱住蜂王阿诺。

第 15 章

勇士之心

（乘法速算）

时光如水，转眼间，又是一个星期过去。这可怕的森林里，许多离奇古怪的生物都消失了，食人花恢复成美丽的仙女花，超级树怪们变回了各种可爱的昆虫，蛇桥、象堡也都不再那么可怕。总之，一切被超级能量侵袭的自然生灵，都变回了原本的模样。

这到底是什么力量在暗中起作用呢？

时光森林里的王子苎麻双脊天牛皮多克和长老木棉天牛吉西苦思冥想，终于在一个午后有了答案。

"是因为勇士的到来。"长老吉西兴奋地叫道，"没发现吗？自从那个硕大的蜂王阿诺到来，这片乌烟瘴气的森林就时刻在发生改变。"

皮多克皱着眉头，心情变得有点低落："可是，这些小英雄到了最后，都难逃黑暗隧道，被变作一座座石像，永远地困在里面。"

吉西的心情也一落千丈："不管怎么说，我们得去瞧瞧。"

……

在一个大大的涌着黑雾的隧道口，琥珀蜂巢放慢了飞行速度。

"你怕了吗？"金龟子迪宝冷冷地问蜂王阿诺，"这可是黑暗隧道的入口，传说只有到这个隧道里，才能够找到真的勇士之心。"

阿诺早就发现迪宝不正常了。

自从前天晚上，它的卧室里传出一阵打斗声后……

阿诺耐着性子，慢腾腾地走到黑暗隧道前，并不理会迪宝阴阳怪气的语调，通过一双黑色的尖嘴鞋子，它确认这个迪宝是假的。站在它身后、目光咄咄逼人的迪宝是黑天牛假扮的。

它决定不动声色地将黑天牛引向黑暗隧道深处，如果它能够永远地困在里面，那么，时光森林里的一切生灵就都得救了。

最重要的是，自己得找到传说中的勇士之心，去拯救整个蜜蜂族群。

蜂王阿诺走进黑暗隧道，只见里面的通道纵横交错，如迷宫一般。有的洞穴里释放出红色的光，有的释放出蓝色的光，还有紫色的和黑色的。很快，阿诺便发现，五颜六色的隧道尽头，是数不清的蓝色小雾团在暗中等待，而只有黑色的隧道才真正能够通过。

"瞧见了吗？"身后跟上来的黑天牛沉醉在自己的罪恶里，"你眼前这9条彩色隧道里，每一条里面都困着12个勇士，它们都是由于乱闯进了巨兽的嘴里，而被超级能量变成石像的，想要让石像重新焕发生机，必须算出它们的总数，再收集到黑色洞穴里同样数量的毒蛛牙齿，念出古老石墙上的咒语，才能解救。你怕了吧……"

一看到黑色洞穴里磨牙的毒蛛，阿诺的双腿就忍不住发抖。

可是它不想退缩，它经历过可怕的苦难，了解受困生灵的痛苦。

"相信自己！迪宝教过我10以内的乘法，只需要把12看成（10+2）就可以了，9×12=9×（10+2）=9×10+9×2=90+18=108（个）。"阿诺兴奋地叫道。

它突然感到头重脚轻。

一种不祥的预感袭上心头。

斜看脚下，它发现伪装成迪宝的黑天牛的袖筒里在释放毒气，它在咕哝着："稀里糊涂粉，发挥效力吧，让阿诺的脑袋乱成一团蛛丝。"

"还有别的办法吗？"黑天牛问阿诺。

不能认输！

它本想马上行动，可这药粉发挥了效力，让它无法挪动双腿，脑袋里都是下一种解法。

经过一番艰难的思索，阿诺终于抬起被汗液浸湿的水淋淋的脑袋：

"我列出一道竖式试试。"

$$\begin{array}{r} 9 \\ \times\ 12 \\ \hline \end{array}$$

一个声音在阿诺的脑海里响起，它惊喜地发现，这居然是老蜂王的声音。

它还活着！

"我的勇士！"老蜂王哽咽着叫道，"你离勇士之心越来越近了，因为只有与勇士之心近在咫尺，才能用意念跟蜂族里的任何一只蜂沟通，哪怕相隔万里，也能沟通。"

阿诺泪水盈眶："可是我周围还危机四伏，根本没见到勇士之心……"

"勇敢起来吧，阿诺，"老蜂王的声音渐渐消失，"胜利属于你——我能看到你脑海里的想法，把竖式里的数字上下调换一下试试。"

眨眼间，一切都消失了。

阿诺却因为老蜂王的话而勇气倍增："我交换9和12这两个因数的位置，把数位少的因数9放到下面，这样更方便计算。"

$$\begin{array}{r} 12 \\ \times\quad 9 \\ \hline 108 \end{array}$$

"你要知道，如果错了，你也会变成一座石像。"黑天牛气得咬牙切齿，险些暴露自己的身份。

"不会错！"阿诺叫道，"想要掌握乘法的速算，有几种方法：

1.结合法。一个数连续乘两个一位数，可以根据情况改成用这个数乘这两个数的积的形式，使计算简便。

2.分解法。一个数乘一个两位数，可根据情况把这个两位数分解成两个一位数相乘的形式，再用这个数连续乘两个一位数，使计算简便。

3.拆数法。有些题目，如果一步一步地进行计算，比较麻烦，我们可以根据因数及其他数的特征，灵活运用拆数法进行简便计算。

4.改数法。有些题目，可以根据情况把其中的某个数进行转化，创造条件化繁为简。"

"它们的数量有多少？"黑天牛步步紧逼。

"想要知道答案，我们还可以这样计算：先把个位上的2和9相乘，得18，要向十位进1。把8写在个位上，在十位上用小1标注一下。然后再用十位上的1和9相乘得9，表示9个十，把9写在十位上，加上刚才从个位进上来的1，就是10，十位满10需要向百位进1，所以，最后结果就是8+100=108（个）。"阿诺说。

就在黑天牛哑口无言之际，阿诺勇闯黑色洞穴，在一只躲在洞穴暗处的小芋双线天蛾幼虫的帮助下，与毒蛛进行殊死搏斗，收集到了108颗毒蛛的牙齿。

"让我帮你擦掉厚厚的灰尘。" 小芋双线天蛾幼虫努力地擦掉石墙上的灰尘，露出了一个古老的超级能量口诀，而它自己的身体却在灰尘中幻化了。

黑天牛看得目瞪口呆。

因为就连本事通天的它也没想到，有一天竟会有一个家伙甘愿奉献自己的生命，帮别人擦掉古老能量口诀上的封印。

此时，阿诺心痛万分，它扑上去捧起一堆灰尘，却惊讶地发现，这灰尘飘浮到半空，形成了一颗红色心脏，并钻进了它的身体里。

墙壁里传出古老的声音："勇士之心，就是真心、爱心、决心、善心，这些心你都拥有，你身上散发出的光辉，照亮了整个黑暗的洞府，也深深感动了小芋双线天蛾幼虫。"

阿诺擦掉泪水，惊喜地发现，108颗毒蛛牙齿燃起蓝色的火焰。在火焰中，黑天牛从迪宝的身躯里脱离而出，越缩越小，最后缩成一只小石天牛，嵌进了脚下的石缝里，迪宝得救了。

而那108座石像，全都变回了各种生灵。

阿诺带着这一群曾为寻找勇士之心而奉献生命的小英雄，凯旋而出，离开时光森林。

芋双线天蛾幼虫

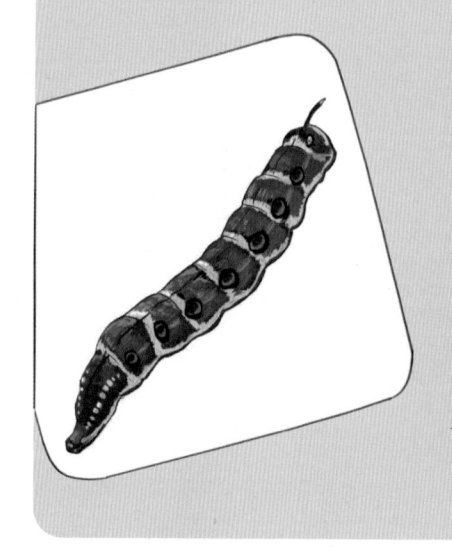

　　芋双线天蛾主要分布在我国的江苏、浙江、江西、广东、台湾等地。它的幼虫是圆筒形的，比较粗壮，一般来说是绿褐色或者紫褐色的。胸背上有两行黄白色的小点，身体两侧还有黄色的圆斑和眼状纹。芋双线天蛾幼虫很怕光，所以白天总是躲在花叶的阴凉处。它们的食量很大，经常会把叶片吃得残缺不全，甚至连花一起吃掉。

第 16 章

神奇的
隐身叶

（分数问题）

许多天来不见天日的劳役，让老蜂王的胡子像野草似的。

老蜂王不停地在大黄蜂的地下王国里，酿造美味的蜂蜜，行动稍有迟缓，就要挨一顿皮鞭。

这天，它正在忙碌着，突然感到身体支撑不住，一头栽倒在飞速旋转的搅蜜机器上。

迷蒙中，老蜂王睁开眼睛：这儿一定就是天堂了。因为它发现眼前有一个模样古怪的小天使，在向它宣读着什么。

可眨眨眼，它认出那是一只米象。

米象卓卜在地下钻了一个洞，溜进了这密不通风的石室里："是蜂王阿诺让我来的。这许多天里，它已经采集到足够过冬的花蜜，还寻找

到了勇士之心。更可喜的是，你们现在有了一个不怕大黄蜂攻击的坚固无比的琥珀蜂巢。"

这接连而来的喜讯，差点令老蜂王又晕过去。

只见它在米象卓卜的耳边说了几句话后，就又认认真真地酿造蜂蜜了。

原来，一只大黄蜂前来查岗，米象卓卜连忙钻回洞里。

听到米象带回的这个消息，蜂王阿诺一脸迷茫："不能攻击我们的旧蜂巢，因为那里有 $\frac{4}{5}$ 是蜜蜂，剩下的 $\frac{1}{5}$ 是监工大黄蜂？"

米象卓卜点点头。

"也不能攻击大黄蜂的地下王国。"阿诺咕哝着，"因为里面有 $\frac{4}{5}$ 是大黄蜂，另有 $\frac{1}{5}$ 是包括老蜂王在内的蜜蜂劳役？"

"一点也不错。"米象卓卜还将路上看到的景象描述给阿诺。

蜜蜂族群的情况不容乐观，许多蜜蜂瘦得皮包骨头，还有累死在采蜜路上的。

米象

  米象广泛分布于全世界，在中国主要分布在南方。米象其实就是生活在米谷中的小黑甲虫，俗称为"米虫"。它们主要寄居在玉米、稻谷、小麦、面粉等各种储藏的谷物中，是损坏贮粮的大害虫。

$$\frac{1……分子}{5……分母}$$

阿诺听得喉咙一阵发紧，它决定无论如何都要马上行动，只是不解："到底什么是$\frac{4}{5}$? 什么是$\frac{1}{5}$?"

"这是分数问题。"迪宝经过一番思考后，才谨慎地说道，"在数学中，把一个物体平均分成几份，每份就是这个物体的几分之一。老蜂王是将旧蜂巢里的蜜蜂和大黄蜂总数平均分成了5份，其中有4份是蜜蜂的数量，1份是大黄蜂的数量。所以，就可以说蜜蜂占了这总数量的$\frac{4}{5}$，大黄蜂占了$\frac{1}{5}$，这种数就叫作分数。'一'表示平均分，叫作分数线；'5'表示把总数平均分成5份，叫作分母；'1'表示其中的1份，叫作分子；这个数读作：五分之一。"

"谢谢你。"阿诺说行动就行动，披上了长老吉西送的铠甲，拿上了皮多克王子送的利剑，朝日蜂巢冲去。

金龟子迪宝可不会让阿诺独自去冒险，它手持偷偷从吉西长老房门口捡到的被注入了隐身能量的叶片，随后追去，白额高脚蛛布布也带上了蜘蛛家族祖传的金丝跟了上去。

赶到旧蜂巢，阿诺挥剑朝里面冲，吓得大黄蜂乱成一团。迪宝趁机往每一只蜜蜂身上贴含有隐身能量的树叶，被贴上树叶的蜜蜂顿时消失不见了。

白额高脚蛛布布冲着惊慌失措的大黄蜂吐金丝，只见金丝液渗到大黄蜂的身体里，让它们锋利无比的尾刺瞬间就融化消失了。

没有了威力巨大的武器，更是不见蜂巢里有一只蜜蜂，更可怕的是，叶虫和木棉天牛麦朵带出了时光森林里的黑雾菇，只见酿好的蜂蜜上布满了这种可怕的菇，里面还蠕动着丑陋的大虫子，大黄蜂族群被吓得风一般地逃走了。

在小伙伴们的帮助下，得到勇士之心的阿诺，不仅救下整个蜂群里的同胞，还顺利帮助它们搬迁到涂满美丽琥珀的新居里。当初冬的第一片雪花飘落下来之际，温暖的蜂巢里举行了盛大的欢庆宴会。